シリーズ5倍と単位当たり（整数範囲）について

5年生で学習する単位当たり量・割合の理解には、量の扱いにどれだけ慣れているかが大きく影響します。そこで、**4年生までに学習する整数の計算で倍や単位当たりの概念に慣れておく**ことができる様にこのテキストを作成しました。

このテキストのねらい

倍の概念を整数倍の範囲で十分に慣れさせる。単位当たり量を倍の概念と重ね合わせて理解させる。割合、比例の概念の基礎をつくる。

算数思考力練習帳シリーズについて

ある問題について、同じ種類・同じレベルの問題を**くりかえし練習**することによって確かな定着が得られます。
そこで、中学入試につながる**文章題**や**量**について、同種類・同レベルの問題を**くりかえし練習**することができる教材を、作成しました。

指導上の注意

① 解けない問題・本人が悩んでいる問題については、お母さん（お父さん）が説明してあげてください。その時に、できるだけ**具体的**な物に例えて説明してあげると良く分かります。（例えば実際に目の前に鉛筆を並べて数えさせるなど。）

② お母さん（お父さん）はあくまでも補助で、問題を解くのはお子さん本人です。お子さんの**達成感**を満たすためには、最後の答えまで教え込まず、**ヒント**を与える程度に止め、本人が**自力**で答えを出すのを待ってあげて下さい。

③ 子供のやる気が低くなってきていると感じたら、**無理にさせない**で下さい。お子さんが興味を示す別の問題をさせるのも良いでしょう。

④ 丸つけは、その場でしてあげてください。**フィードバック**（自分のやった行為が正しかったかどうか評価を受けること）は**早ければ早いほど**本人の学習意欲と定着につながります。

以上

目　次　（倍と単位当たり・整数範囲）

タイトル	内　容	頁	毅
倍（1）	AはBの□倍。	1	2
倍（2）	AのB倍は□。	3	2
倍（3）	Aは□のB倍。	5	2
倍（4）	（1）と（2）の混合	7	2
倍（5）	（1）と（3）の混合	9	2
倍（6）	（2）と（3）の混合	11	2
倍（7）	混合	13	4
単位（1）	1当たりの量を求める。	17	2
単位（2）	A当たりの量を求める。	19	2
単位（3）	A当たりのBを求める。	21	2
単位（4）	（1）と（2）の混合。	23	2
単位（5）	（1）と（3）の混合。	25	2
単位（6）	（2）と（3）の混合。	27	2
単位（7）	混合	29	4
単位（8）	A当たりBから、C当たりの□。	33	3
単位（9）	A当たりBから、Cは□当たり。	36	3
単位（10）	（8）と（9）の混合。	39	3
単位（11）	（8）を倍で求める。	42	3
単位（12）	（9）を倍で求める。	45	3
単位（13）	（11）と（12）の混合。	48	3
解答1〜5		1	5

倍（1）　　　AはBの□倍

① ５０円は１０円の□倍。

② ５０円は２５円の□倍。

③ １００ｍは２０ｍの□倍。

④ １００ｍは２５ｍの□倍。

⑤ １２０ｇは４０ｇの□倍。

⑥ １２０ｇは３０ｇの□倍。

⑦ ８ℓの□倍は１６ℓ。

⑧ ８ℓの□倍は４８ℓ。

⑨ ２０㎝の□倍は８０㎝。

⑩ ２０㎝の□倍は１４０㎝。

倍（1）　　AはBの□倍

① 56円は8円の□倍。

② 69円は23円の□倍。

③ 144mは24mの□倍。

④ 198mは18mの□倍。

⑤ 102gは17gの□倍。

⑥ 171gは19gの□倍。

⑦ 7ℓの□倍は84ℓ。

⑧ 6ℓの□倍は84ℓ。

⑨ 14cmの□倍は98cm。

⑩ 43cmの□倍は258cm。

倍（2）　　ＡのＢ倍は □

① ４００円の２倍は □ 円。

② ４００円の７倍は □ 円。

③ ２４㎠の３倍は □ ㎠。

④ ２６㎠の４倍は □ ㎠。

⑤ １５ℓの３倍は □ ℓ。

⑥ ２３ℓの５倍は □ ℓ。

⑦ □ ｇは２６ｇの４倍。

⑧ □ ｇは３５ｇの５倍。

⑨ □ ㎝は２８㎝の６倍。

⑩ □ ㎝は４３㎝の３倍。

倍（2）　　AのB倍は □

① ２５０円の２倍は □ 円。

② ３６円の１６倍は □ 円。

③ □ ㎠は２７㎠の５倍。

④ ３０㎠の７倍は □ ㎠。

⑤ ４５ℓの５倍は □ ℓ。

⑥ □ ℓは６５ℓの４倍。

⑦ □ ｇは４７ｇの３倍。

⑧ □ ｇは２２ｇの１３倍。

⑨ ５３㎝の４倍は □ ㎝。

⑩ □ ㎝は６７㎝の３倍。

倍（3）　　Aは □ のB倍

① １２０円は □ 円の３倍。

② １２０円は □ 円の２倍。

③ １８０mは □ mの９倍。

④ １８０mは □ mの１５倍。

⑤ １６０gは □ gの８倍。

⑥ ２０４gは □ gの６倍。

⑦ □ ℓの１２倍は４２０ℓ。

⑧ □ ℓの２３倍は８２８ℓ。

⑨ □ cmの１９倍は３９９cm。

⑩ □ cmの８倍は４８０cm。

倍（3）　　Aは □ のB倍

① 260円は □ 円の13倍。

② □ 円の4倍は120円。

③ 216mは □ mの9倍。

④ 532mは □ mの14倍。

⑤ 544gは □ gの17倍。

⑥ 192gは □ gの32倍。

⑦ □ ℓの35倍は280ℓ。

⑧ □ ℓの3倍は576ℓ。

⑨ □ cmの21倍は273cm。

⑩ □ cmの7倍は497cm。

倍（４）　　（１）と（２）の混合

① ２４０ｇは１５ｇの [　　　] 倍。

② ３７㎝の [　　　] 倍は２２２㎝。

③ [　　　] ㎠は３６㎠の３倍。

④ ４２ℓの [　　　] 倍は１６８ℓ。

⑤ ２７ℓの [　　　] 倍は１０８ℓ。

⑥ ２９０円の３倍は [　　　] 円。

⑦ ２０ℓの１４倍は [　　　] ℓ。

⑧ ２０５㎠の３倍は [　　　] ㎠。

⑨ １８㎝の [　　　] 倍は１９８㎝。

⑩ ７９円の８倍は [　　　] 円。

倍（4）　　（1）と（2）の混合

① ２２０円の４倍は　　　　　円。

② ２９cmの　　　　　倍は１７４cm。

③ 　　　　　cm²は３４cm²の３倍。

④ ８０円の７倍は　　　　　円。

⑤ １６ℓの　　　　　倍は２０８ℓ。

⑥ ２８０ｇは３５ｇの　　　　　倍。

⑦ ２３ℓの１２倍は　　　　　ℓ。

⑧ ２５cm²の５倍は　　　　　cm²。

⑨ ２９cmの　　　　　倍は１７４cm。

⑩ ４５ℓの　　　　　倍は１３５ℓ。

倍（５）　　（１）と（３）の混合

① ６０円は１５円の □ 倍。

② □ ℓの１５倍は４２０ℓ。

③ １５６ｍは２６ｍの □ 倍。

④ □ cmの６倍は２１６cm。

⑤ ６１２ｇは３４ｇの □ 倍。

⑥ ８３２ｇは □ ｇの１６倍。

⑦ ６９６円は２９円の □ 倍。

⑧ □ ℓの１７倍は５７８ℓ。

⑨ □ cmの２３倍は３２２cm。

⑩ １５０ｍは２５ｍの □ 倍。

倍（5）　　（1）と（3）の混合

① ７０円は１４円の □ 倍。

② ６８０円は３４円の □ 倍。

③ □ ℓの１３倍は４６８ℓ。

④ □ ℓの２４倍は３６０ℓ。

⑤ ３６０ｇは７２ｇの □ 倍。

⑥ ７４４ｇは □ ｇの６２倍。

⑦ □ ㎝の７倍は２２４㎝。

⑧ １８９ｍは２１ｍの □ 倍。

⑨ □ ㎝の５倍は１２０㎝。

⑩ １８０ｍは４５ｍの □ 倍。

倍（6）　　（2）と（3）の混合

① １３０円の３倍は [　　　] 円。

② [　　　] ℓ の７倍は３５ℓ 。

③ [　　　] cmの１７倍は４０８cm。

④ ２４cm²の６倍は [　　　] cm²。

⑤ １２０ℓ の５倍は [　　　] ℓ 。

⑥ １８０gは [　　　] gの３０倍。

⑦ [　　　] ℓ の２５倍は４００ℓ 。

⑧ ２７０円の３倍は [　　　] 円。

⑨ ３６cm²の９倍は [　　　] cm²。

⑩ [　　　] cmの１５倍は４８０cm。

倍（6）　　（2）と（3）の混合

① 32円の8倍は □ 円。

② □ ℓの15倍は30ℓ。

③ 54ℓの6倍は □ ℓ。

④ 45c㎡の9倍は □ c㎡。

⑤ □ cmの13倍は52cm。

⑥ 34c㎡の2倍は □ c㎡。

⑦ □ ℓの26倍は260ℓ。

⑧ 3円の36倍は □ 円。

⑨ 18gは □ gの6倍。

⑩ □ cmの8倍は776cm。

倍（7）　　混合

① ６０円は１２円の □ 倍。

② □ ㎝の２３倍は３４５㎝。

③ □ ℓの６倍は１０２ℓ。

④ ４２ｍは２１ｍの □ 倍。

⑤ □ ㎏の１４倍は１１２㎏。

⑥ ３７８㎝は６３㎝の □ 倍。

⑦ □ ℓは２０ℓの４倍。

⑧ ７２円は１８円の □ 倍。

⑨ ３５ℓの７倍は □ ℓ。

⑩ □ ㎝の８１倍は２４３㎝。

倍（7）　　混合

① ２２８ｍは３８ｍの ☐ 倍。

② ☐ ㎝の２９倍は１４５㎝。

③ ３８ℓの１２倍は ☐ ℓ。

④ ４６ｍは２ｍの ☐ 倍。

⑤ ☐ ℓの３４倍は５４４ℓ。

⑥ ６００円は８円の ☐ 倍。

⑦ ☐ ℓは２９ℓの３倍。

⑧ ３９０円は６５円の ☐ 倍。

⑨ ☐ ℓの１３倍は１６９ℓ。

⑩ ☐ ㎝の６１倍は２４４㎝。

倍（7）　　混合

① ２２４ｍは３２ｍの [　　] 倍。

② [　　] ｃｍの２９倍は２３２ｃｍ。

③ [　　] ℓの１３倍は２７３ℓ。

④ ８４分は１４分の [　　] 倍。

⑤ [　　] ℓの１５倍は４０５ℓ。

⑥ ７２円は１２円の [　　] 倍。

⑦ [　　] ℓは３５ℓの５倍。

⑧ ７２円は２４円の [　　] 倍。

⑨ ４２ℓの７倍は [　　] ℓ。

⑩ [　　] ｃｍの１７倍は４４２ｃｍ。

倍（7）　　混合

① ７００円は２８円の □ 倍。

② □ ㎝の６１倍は６７１㎝。

③ １４ℓの７倍は □ ℓ。

④ ２５２ｍは６３ｍの □ 倍。

⑤ □ ｇの１８倍は４５０ｇ。

⑥ ４７４ｍは７９ｍの □ 倍。

⑦ □ ℓは１２ℓの６倍。

⑧ ４５０円は７５円の □ 倍。

⑨ □ 枚の１７倍は２８９枚。

⑩ □ ㎝の２４倍は７４４㎝。

単位（1）　1当たりの量を求める

①2コが　40円の　たこやきは　1コ　□　円です。

②2mが　70円の　リボンは　1m当たり　□　円です。

③3ℓが　240円の　ミルクは　1ℓ　□　円です。

④5分で　180m歩く速さは　1分当たり　□　mです。

⑤120gが　4mの　はりがねは　1mでは　□　gです。

⑥3gが　2400円の　ゴールドは　1g　□　円です。

⑦1コ　□　円の　みかんは　2コで　90円です。

⑧1ぴきが　□　円の　魚は　6ぴきで　480円です。

⑨1コ　□　円の　ガムは　12コで　960円です。

⑩1人に　□　本の　えんぴつを配ると　35本は　7人分です。

単位（1）　1当たりの量を求める

①3コが　150円の　リンゴは　1コ □ 円です。

②1羽が □ 円の　鳥は　4羽で　800円です。

③13ℓが　650円の　お茶は　1ℓ □ 円です。

④1コ □ 円の　いちごは　16コで　480円です。

⑤144gが　9mの　はりがねは　1mでは □ gです。

⑥6本が　450円の　えんぴつは　1本当たり □ 円です。

⑦12分で　840m歩く速さは　1分では □ mです。

⑧4mが　108円の　リボンは　1m当たり □ 円です。

⑨1時間当たり □ km進むと　3時間では　24km進みます。

⑩1人に □ 冊の　ノートを配ると　40冊は　5人分です。

単位（2）　A当たりの量を求める

① 1コ65円の　みかんは　□コで　130円です。

② □mが　120円の　リボンは　1m当たり30円です。

③ 1ぴきが64円の　魚は　□びきで　192円です。

④ □分で　200m歩く速さは　1分当たり40mです。

⑤ 360gが　□mの　はりがねは　1mでは30gです。

⑥ □kgが　4200円の　お米は　1kg600円です。

⑦ □コが　68円の　たこやきは　1コ17円です。

⑧ □ℓが　360円の　ミルクは　1ℓ90円です。

⑨ 1コ35円の　ガムは　□コで　490円です。

⑩ 1人に6本の　えんぴつを配ると　138本は　□人分です。

単位（2）　A当たりの量を求める

①1コ150円の　リンゴは　☐コで　750円です。

②☐mが　528円の　リボンは　1m当たり44円です。

③1ぴきが95円の　魚は　☐ぴきで　760円です。

④☐分で　280m歩く速さは　1分当たり70mです。

⑤325gが　☐mの　はりがねは　1mでは25gです。

⑥☐kgが　1650円の　お米は　1kg550円です。

⑦1コ45円の　ガムは　☐コで　495円です。

⑧☐ℓが　500円の　ミルクは　1ℓ125円です。

⑨☐コが　384円の　たこやきは　1コ24円です。

⑩1人に12本の　えんぴつを配ると　96本は　☐人分です。

単位（３）　Ａ当たりのＢを求める

①１コ３４円の　ガムは　１３コで　☐円です。

②５ひきが　☐ｇの　魚は　１ぴき当たり１３５ｇです。

③３２ℓが　☐円の　お茶は　１ℓ１５円です。

④１コ１４０円の　はさみは　６コで　☐円です。

⑤１枚１７円の　色紙は　２３枚で　☐円です。

⑥１ｍ８７円の　リボンは　７ｍで　☐円です。

⑦９人に　☐枚の色紙を配ると　１人当たりは１３枚です。

⑧１分当たり６５ｍ歩くと　☐ｍ歩くのに　８分かかる。

⑨家から学校まで　☐ｍあるので　１分当たり７０ｍの速さで歩くと　１２分かかります。

⑩１km進むのに３分かかると　１９km進むのには　☐分かかる。

単位（3）　A当たりのBを求める

①1コ80円の　消しゴムは　7コで　☐　円です。

②1m160円の　リボンは　8mで　☐　円です。

③18ℓが　☐　円の　水は　1ℓ30円です。

④1分当たり85m歩くと　☐　m歩くのに　3分かかる。

⑤1ℓ150円の　ジュースは　4ℓで　☐　円です。

⑥21ぴきが　☐　gの　魚は　1ぴき当たり90gです。

⑦13人に　☐　枚の色紙を配ると　1人当たりは4枚です。

⑧1本当たり85円の　えんぴつは　5本で　☐　円です。

⑨　☐　m走るのに　8分かかる速さは　1分当たり120mです。

⑩1km進むのに12分かかると　7km進むのには　☐　分かかる。

単位（4）　（1）と（2）の混合

① 3コが　120円の　たこやきは　1コ □ 円です。

② □ コが　120円の　たこやきは　1コ30円です。

③ 4ℓが　240円の　ミルクは　1ℓ □ 円です。

④ □ ℓが　280円の　ミルクは　1ℓ140円です。

⑤ 144gが　9mのはりがねは　1m当たり □ gです。

⑥ □ kgが　3600円の　お米は　1kg400円です。

⑦ 12mが　240円の　リボンは　1m当たり □ 円です。

⑧ 7分で　420m歩く速さでは　1分当たり □ m進みます。

⑨ 1コ55円の　ガムは　□ コで　715円です。

⑩ 1人に8本の　えんぴつを配ると　216本は □ 人分です。

単位（4） （1）と（2）の混合

① 1時間当たり ☐ km進むと 6時間では 36km進みます。

② ☐ mが 735円の リボンは 1m当たり35円です。

③ 1ぴきが80円の 魚は ☐ ひきで 960円です。

④ 7分で 840m歩く速さでは 1分で ☐ m進みます。

⑤ 736gが ☐ mの はりがねは 1mでは46gです。

⑥ 8本が 600円の えんぴつは 1本当たり ☐ 円です。

⑦ ☐ 分で 476m歩く速さは 1分当たり68mです。

⑧ 9mが 117円の リボンは 1m当たり ☐ 円です。

⑨ 1コ135円の リンゴは ☐ コで 540円です。

⑩ 1人に ☐ 冊の ノートを配ると 48冊は 3人分です。

単位（5）　（1）と（3）の混合

① 1コ28円の　ガムは　12コで　□円です。

② 1コ□円の　みかんは　3コで　96円です。

③ 1コ□円の　ガムは　6コで　270円です。

④ 1コ230円の　ケーキは　6コで　□円です。

⑤ 1枚26円の　画用紙は　14枚で　□円です。

⑥ 5gが　2700円の　プラチナは　1g□円です。

⑦ 16ぴきが　□gの　カエルは　1ぴき当たり90gです。

⑧ 1ぴきが　□円の　金魚は　13びきで　585円です。

⑨ 20ℓが　□円の　お茶は　1ℓ38円です。

⑩ 1人に　□本の　竹ひごを配ると　32本は　8人分です。

単位（5）　（1）と（3）の混合

①4コが　480円の　ボールは　1コ □ 円です。

②1羽が □ 円の　ひよこは　6羽で　180円です。

③12人に □ 枚の色紙を配ると　1人当たりは9枚です。

④1コ □ 円の　いちごは　6コで　258円です。

⑤家から駅まで □ mあるので　1分当たり80ｍで歩くと　14分かかります。

⑥17ひきが □ gの　魚は　1ぴき当たり60ｇです。

⑦9ℓが　540円の　お茶は　1ℓ □ 円です。

⑧1本が65円の　えんぴつは　8本で □ 円です。

⑨168ｇが　3ｍの　はりがねは　1ｍでは □ ｇです。

⑩1km進むのに6分かかると　17km進むのには □ 分かかる。

単位（6）　（2）と（3）の混合

① 1分当たり75m歩くと □ m歩くのに 6分かかる。

② □ mが 180円の リボンは 1m当たり15円です。

③ 魚を焼くのに1ぴき当たり6分かかります。 □ ひきでは 78分かかります。

④ 家から学校まで □ mあるので 1分当たり95mの速さで歩くと 9分かかります。

⑤ 288gが □ mの はりがねは 1mでは32gです。

⑥ 1m77円の リボンは 11mで □ 円です。

⑦ 3人に □ 枚の色紙を配ると 1人当たりは12枚です。

⑧ 1コ45円の みかんは □ コで 135円です。

⑨ □ 分で 250m歩く速さは 1分当たり50mです。

⑩ 1km進むのに4分かかると 7km進むのには □ 分かかる。

単位（6）　（2）と（3）の混合

① 1コ75円の　消しゴムは　5コで　□　円です。

② 1コ30円の　ガムは　□　コで　390円です。

③ 8ℓが　□　円の　水は　1ℓ32円です。

④ □　コが　448円の　たこやきは　1コ28円です。

⑤ 1ℓ130円の　ジュースは　13ℓで　□　円です。

⑥ □　kgが　1200円の　お米は　1kg400円です。

⑦ 1m125円の　リボンは　5mで　□　円です。

⑧ □　ℓが　324円の　ミルクは　1ℓ108円です。

⑨ 1分当たり90m歩くと　□　m歩くのに　9分かかる。

⑩ 1人に6本の　えんぴつを配ると　120本は　□　人分です。

単位（7）　混合

①1コ30円の　ガムは　12コで　☐　円です。

②1コ30円の　ガムは　☐　コで　420円です。

③6gが　2400円の　ゴールドは　1g　☐　円です。

④1コ156円の　はさみは　3コで　☐　円です。

⑤144gが　9mの　はりがねは　1mでは　☐　gです。

⑥18ℓが　☐　円の　お茶は　1ℓ20円です。

⑦1コ　☐　円の　みかんは　3コで　48円です。

⑧　☐　ℓが　380円の　ミルクは　1ℓ190円です。

⑨3びきが　☐　gの　魚は　1ぴき当たり300gです。

⑩1人に8本の　えんぴつを配ると　144本は　☐　人分です。

単位（7）　混合

① 1コ45円の　みかんは　☐コで　405円です。

② 1m36円の　リボンは　6mで　☐円です。

③ 1コ☐円の　ガムは　5コで　120円です。

④ ☐分で　216m歩く速さは　1分当たり72mです。

⑤ 1枚20円の　色紙は　4枚で　☐円です。

⑥ ☐mが　105円の　リボンは　1m当たり35円です。

⑦ 3人に　☐枚の色紙を配ると　1人当たりは15枚です。

⑧ 1ぴきが　☐円の　魚は　7ひきで　420円です。

⑨ 1ぴきが60円の　魚は　☐ぴきで　600円です。

⑩ 1人に　☐本の　えんぴつを配ると　46本は　2人分です。

単位（7）　混合

① 1コ45円の　消しゴムは　9コで　□　円です。

② 91gが　□　mの　はりがねは　1mでは13gです。

③ 1時間当たり　□　km進むと　4時間では　44km進みます。

④ □　分で　291m歩く速さは　1分当たり97mです。

⑤ 1m260円の　リボンは　5mで　□　円です。

⑥ □　kgが　2600円の　お米は　1kg650円です。

⑦ 7分で　840m歩く速さは　1分では　□　mです。

⑧ 8mが　136円の　リボンは　1m当たり　□　円です。

⑨ 14ℓが　□　円の　水は　1ℓ40円です。

⑩ 1人に　□　冊の　ノートを配ると　80冊は　16人分です。

単位（7）　混合

① 1コ75円の　リンゴは　□コで　900円です。

② 171gが　9mの　はりがねは　1mでは　□gです。

③ □m走るのに　3分かかる速さは　1分当たり150mです。

④ 1コ□円の　いちごは　13コで　520円です。

⑤ □mが　245円の　リボンは　1m当たり49円です。

⑥ 8本が　520円の　えんぴつは　1本当たり□円です。

⑦ 16人に　□枚の色紙を配ると　1人当たりは6枚です。

⑧ 1本当たり90円の　えんぴつは　10本で　□円です。

⑨ 1ぴきが70円の　魚は　□ひきで　630円です。

⑩ 1km進むの18分かかると　6km進むのには　□分かかる。

単位（8）　A当たりBから、C当たりの □ 。その1

①2mが　80円の　リボンは　1m当たり □ 円なので、

3mは □ 円になる。

②3コが　150円の　たこやきは　1コ □ 円なので、7

コでは □ 円になる。

③5ℓが　300円の　ミルクは　1ℓ当たり □ 円なので、

13ℓでは □ 円になる。

④6分で　420m歩く速さは　1分当たり □ mになるの

で　4分で歩くみちのりは □ mになる。

⑤1コ □ 円の　ガムは　8コで　960円になり、17コ

では □ 円となる。

単位（8）　A当たりBから、C当たりの□。その2

①1人に□本ずつの　えんぴつを配ると　35本は　7人分で□本は　5人分となる。

②7コが　140円の　たこやきは　1コ□円なので、4コでは□円になる。

③1時間当たり□km進むと　6時間では　48km進み、9時間では□km進む。

④7分で　420m歩く速さは　1分当たり□mになるので　3分で歩くみちのりは□mになる。

⑤1コ□円の　ガムは　7コで　560円になり、21コでは□円となる。

単位（８）　Ａ当たりＢから、Ｃ当たりの□。その３

①１ぴきが □ 円の魚の　３びき分の代金は　１８６円で、

５ひきの代金は □ 円です。

②７kgが　４９００円の　お米は　１kg □ 円なので、９

kgでは □ 円になります。

③１人に □ 本の　えんぴつを配ると　１０４本は　８人に

配れて、 □ 本だと３人に配れます。

④１７mが３４０gの　はりがねは　１mでは □ gなので、

２３mでは □ gになる。

⑤色紙１８枚が　２１６円のとき　１枚当たり □ 円となり、

色紙は　１１枚で □ 円です。

単位（9）　A当たりBから、Cは□当たり。その1

①4mが　96円の　リボンは　1m当たり□円なので、

　□mは312円になる。

②7コが　245円の　たこやきは　1コ□円なので、

　□コでは175円になる。

③4ℓが　280円の　ミルクは　1ℓ当たり□円なので、

　□ℓでは　1260円になる。

④8分で　640m歩く速さは　1分当たり□mになるの

　で□分で歩くみちのりは1040mになる。

⑤1コ□円の　ガムは　260円で　4コ買える、また

　845円では、□コ買える。

M.access（エム・アクセス）編集　認知工学発行の既刊本

★は最も適した時期　●はお勧めできる時期

サイパー思考力算数練習帳シリーズ

シリーズ	内容	小1	小2	小3	小4	小5	小6	受験
シリーズ1　文章題　たし算・ひき算 たし算・ひき算の文章題を絵や図を使って練習します。 ISBN978-4-901705-00-4　本体500円（税別）		★	●	●				
シリーズ2　文章題　比較・順序・線分図 数量の変化や比較の複雑な場合までを練習します。 ISBN978-4-901705-01-1　本体500円（税別）				★	●	●		
シリーズ3　文章題　和差算・分配算 線分図の意味を理解し、自分で描く練習です。 ISBN978-4-901705-02-8　本体500円（税別）					★	●	●	●
シリーズ4　文章題　たし算・ひき算2 シリーズ1の続編、たし算・ひき算の文章題。 ISBN978-4-901705-03-5　本体500円（税別）		★	●	●				
シリーズ5　量　倍と単位当り 倍と単位当たりの考え方を直感的に理解できます。 ISBN978-4-901705-04-2　本体500円（税別）					★	●	●	
シリーズ6　文章題　どっかい算 問題文を正確に読解することを練習します。整数範囲。 ISBN978-4-901705-05-9　本体500円（税別）					●	★	●	
シリーズ7　パズル　＋－×÷パズル ＋－×÷のみを使ったパズルで、思考力がつきます。 ISBN978-4-901705-06-6　本体500円（税別）					●	★	●	
シリーズ8　文章題　速さと旅人算 速さの意味を理解します。旅人算の基礎まで。 ISBN978-4-901705-07-3　本体500円（税別）					●	★	●	
シリーズ9　パズル　＋－×÷パズル2 ＋－×÷のみを使ったパズル。シリーズ7の続編。 ISBN978-4-901705-08-0　本体500円（税別）					●	★	●	
シリーズ10　文章題　倍から割合、売買算 倍と割合が同じ意味であることで理解を深めます。 ISBN978-4-901705-09-7　本体500円（税別）					●	★	●	●
シリーズ11　文章題　鶴亀算と差集め算 差の変化に着目して意味を理解します。整数範囲。 ISBN978-4-901705-10-3　本体500円（税別）					●	●	●	
シリーズ12　文章題　周期算 わり算の意味と周期の関係を深く理解します。整数範囲。 ISBN978-4-901705-11-0　本体500円（税別）					●	●	●	
シリーズ13　図形　点描写（立方体など） 点描写を通じて立体感覚・集中力・短期記憶を訓練。 ISBN978-4-901705-12-7　本体500円（税別）		★	★	★				
シリーズ14　パズル　素因数パズル 素因数分解をパズルを楽しみながら理解します。 ISBN978-4-901705-13-4　本体500円（税別）						★	●	
シリーズ15　文章題　方陣算　1 中空方陣・中実方陣の意味から基礎問題まで。整数範囲。 ISBN978-4-901705-14-1　本体500円（税別）						●	●	
シリーズ16　文章題　方陣算　2 過不足を考える。2列3列の中空方陣。整数範囲。 ISBN978-4-901705-15-8　本体500円（税別）						●	●	
シリーズ17　図形　点描写（線対称） 点描写を通じて線対称・集中力・図形センスを訓練。 ISBN978-4-901705-16-5　本体500円（税別）		★	★	★				
シリーズ18　図形　点描写（点対称） 点描写を通じて点対称・集中力・図形センスを訓練。 ISBN978-4-901705-17-2　本体500円（税別）		●	★	★				
シリーズ19　パズル　四角わけパズル　初級 面積と約数の感覚を鍛えるパズル。九九の範囲で解ける。 ISBN978-4-901705-18-9　本体500円（税別）					★			
シリーズ20　パズル　四角わけパズル　中級 2桁×1桁の掛け算で解ける。8×8〜16×16のマスまで。 ISBN978-4-901705-19-6　本体500円（税別）					★			
シリーズ21　パズル　四角わけパズル　上級 10×10〜16×16のマスまでのサイズです。 ISBN978-4-901705-20-2　本体500円（税別）				●	★			
シリーズ22　作業　暗号パズル 暗号のルールを正確に実行することで作業性を高めます。 ISBN978-4-901705-21-9　本体500円（税別）						★	●	
シリーズ23　場合の数　書き上げて解く　順列 場合の数の順列を順序よく書き上げて作業性を高めます。 ISBN978-4-901705-22-6　本体500円（税別）					●	★	●	
シリーズ24　場合の数　書き上げて解く　組み合わせ 場合の数の組み合わせを書き上げて作業性を高めます。 ISBN978-4-901705-23-3　本体500円（税別）					●	★	●	
シリーズ25　パズル　ビルディング　初級 階数の異なるビルを当てはめる。立体感覚と思考力を育成。 ISBN978-4-901705-24-0　本体500円（税別）		●	★	★	★			
シリーズ26　パズル　ビルディング　中級 ビルの入るマスは5行5列。立体感覚と思考力を育成。 ISBN978-4-901705-25-7　本体500円（税別）					●	★	★	★
シリーズ27　パズル　ビルディング　上級 ビルの入るマスは6行6列。大人でも十分楽しめます。 ISBN978-4-901705-26-4　本体500円（税別）						●	●	★
シリーズ28　文章題　植木算 植木算の考え方を基礎から学びます。整数範囲。 ISBN978-4-901705-27-1　本体500円（税別）					★	●	●	●
シリーズ29　文章題　等差数列　上 等差数列を基礎から理解できます。3桁÷2桁の計算あり。 ISBN978-4-901705-28-8　本体500円（税別）					●	★	●	●
シリーズ30　文章題　等差数列　下 整数の性質・規則性の理解もできます。3桁÷2桁の計算 ISBN978-4-901705-29-5　本体500円（税別）					●	★	●	●
シリーズ31　文章題　まんじゅう算 まんじゅう1個の重さを求める感覚。小学生のための方程式。 ISBN978-4-901705-30-1　本体500円（税別）					●	★	★	●
シリーズ32　単位　単位の換算　上 長さ等の単位の換算を基礎から徹底的に学習します。 ISBN978-4-901705-31-8　本体500円（税別）					★	●	●	●

サイパーシリーズ：日本を知る社会・仕組みが分かる理科・英語		対象年齢
社会シリーズ1 日本史人名一問一答	難関中学受験向けの問題集。506問のすべてに選択肢つき。 ISBN978-4-901705-70-7　本体500円(税別)	小6以上中学生も可
理科シリーズ1 電気の特訓	水路のイメージから電気回路の仕組みを理解します。 ISBN978-4-901705-80-6　本体500円(税別)	小6以上中学生も可
理科シリーズ2 てこの基礎　上	支点・力点・作用点から　重さのあるてこのつり合いまで。 ISBN978-4-901705-81-3　本体500円(税別)	小6以上中学生も可
理科シリーズ3 てこの基礎　下	上下の力のつり合い、4つ以上の力のつりあい、比で解くなど。 ISBN978-4-901705-82-0　本体500円(税別)	小6以上中学生も可
英語構文シリーズ1　絶版 関係代名詞①　主格	関係代名詞を使った修飾関係を基礎から分かり易く説明 ISBN978-4-901705-90-5　本体500円(税別)	中2から中3まで
学習能力育成シリーズ		対象年齢
新・中学受験は自宅でできる -学習塾とうまくつきあう法-	塾の長所短所、教え込むことの弊害、学習能力の伸ばし方 ISBN978-4-901705-92-9　本体800円(税別)	保護者
お母さんが高める 子どもの能力	栄養・睡眠・遊び・しつけと学習能力の関係を説明 ISBN978-4-901705-98-1　本体500円(税別)	保護者
マインドフルネス学習法	マインドフルネスの成り立ちから学習への応用をわかりやすく説明 ISBN978-4-901705-99-8　本体500円(税別)	保護者
認知工学の新書シリーズ		対象年齢
塾講師の ひとり思う事　独断	「進学塾不要論」の著者・水島酔の日々のエッセイ集 ISBN978-4-901705-94-3　本体1000円(税別)	一般成人

書籍等の内容に関するお問い合わせは ㈱認知工学 まで　email：ninchi@sch.jp
直接のご注文で5,000円（税別）未満の場合は、送料等800円がかかります。
TEL： 075-256-7723（受付：平日：10時～16時）FAX：075-256-7724
〒604-8155 京都市中京区錦小路通烏丸西入る占出山町308　山忠ビル5F

M.access(エム・アクセス)の通信指導と教室指導

M.access（エム・アクセス）は㈱認知工学の教育部門です。ご興味のある方は資料をご請求下さい。　お名前、ご住所、電話番号等のご連絡先を明記の上、FAXまたはe-mailにて、資料請求をしてください。e-mailの件名に「資料請求」と表示してください。教室は京都市本社所在地のみです。　　FAX 075-256-7724　TEL 075-256-7739 （平日10時～16時）
e-mail：maccess@sch.jp　HP　http://maccess.sch.jp/　　2022.4.10

直販限定書籍、CD 以下の商品は学参書店のみでの販売です。一般書店では注文できません。		
直販限定商品	内　容	本体／税別
超・植木算1 難関中学向け	植木算の超難問に、細かいステップを踏んだ説明と解説をつけました。小学高学年向き。問題・解説合わせて74頁です。自学自習教材です。	2220円
超・植木算2 難関中学向け	植木算の超難問に、細かいステップを踏んだ説明と解説をつけました。小学高学年向き。問題・解説合わせて117頁です。自学自習教材です。	3510円
日本史人物180撰 音楽CD	歴史上の180人の人物名を覚えます。その関連事項を聞いたあとに人物名を答える形式で歌っています。ラップ調です。　　約52分	1500円
日本地理「川と平野」 音楽CD	全国の主な川と平野を聞きなれたメロディーに乗せて歌っています。カラオケで答の部分が言えるかどうかでチェックできます。　約45分	1500円
九九セット 音楽CD	たし算とひき算をかけ算九九と同じように歌で覚えます。基礎計算を速くするための方法です。かけ算九九の歌も入っています。カラオケ付き。約30分	1500円
約数特訓の歌 音楽CD	1～100までと360の約数を全て歌で覚えます。6は1かけ6、2かけ3と歌っています。ラップ調の歌です。カラオケ付き。　約35分	1500円
約数特訓練習帳 プリント教材　新装版	1～100までの約数をすべて書けるように練習します。「約数特訓の歌」と同じ考え方です。A4カラーで68ページ、解答4ページ。価格変更しました。	800円

学参書店（http://gakusanshoten.jpn.org/)のみ限定販売　3000円（税別）未満は送料800円
認知工学（http://ninchi.sch.jp)にてサンプルの試読、CDの試聴ができます。

単位（9）　A当たりBから、Cは□当たり。その2

①8コで　288円の　みかんは　1コ当たり　□円となり、

　□コで　252円です。

②9mが　126円の　リボンは　1m当たり　□円で、

　□mは574円となる。

③1ぴきが　□円の　魚は　□ひきで　180円で、

7ひきは105円です。

④4分で　300m歩く速さは　1分当たり　□mとなり、

　□分では975m進む。

⑤360gが　4mの　はりがねは　1mでは　□gです。

また、□m分の重さは630gです。

単位（9）　A当たりBから、Cは□当たり。その3

①3コが　96円の　ドラやきは　1コ当たり□円なので、

　　□コは416円になる。

②5分で　320m歩く速さは　1分当たり□mとなり、

　　□分では512m進む。

③11ℓが　275円の　お茶は　1ℓ当たり□円なので、

　　□ℓでは　800円になる。

④12コが　660円の　たこやきは　1コ□円なので、

　　□コでは495円になる。

⑤480gが　4mの　はりがねは　1mでは□gです。

　　また、□m分の重さは600gです。

-38-

単位（10）　　（8）と（9）の混合

① 14mが910円の　リボンは　1m当たり　□　円なので、

17mは　□　円になる。

② 6分で　330m歩く速さは　1分当たり　□　mになるので　□　分で歩くみちのりは1265mになる。

③ 3ℓが　405円の　ミルクは　1ℓ当たり　□　円なので、

□　ℓでは　1755円になる。

④ 9コが　324円の　たこやきは　1コ　□　円なので、5コでは　□　円になる。

⑤ 1コ　□　円の　ガムは　285円で　3コ買える、また665円では、□　コ買える。

単位（10）　（8）と（9）の混合

① ２０コで　３００円の　みかんは　１コ当たり　□　円となり、□　コで　４３５円です。

② １６分で８００ｍ歩く速さは　１分当たり　□　ｍになるので　１３分で歩くみちのりは　□　ｍになる。

③ １時間当たり　□　㎞進むと　５時間では　２０㎞進み、３時間では　□　㎞進む。

④ ６ｍが　１５０円の　リボンは　１ｍ当たり　□　円で、□　ｍは４５０円となる。

⑤ １コ　□　円の　ガムは　１２コで５４０円になり、１９コでは　□　円となる。

単位 (10)　　(8) と (9) の混合

① 5mが320円のリボンは □ mでは704円になる。

② 7分で420mの速さで　5分で歩くと □ m進む。

③ 6ℓで300円のミルクは　13ℓでは □ 円になる。

④ 8コが280円のたこやきは □ コで455円になる。

⑤ 15コで375円のガムは　18コでは □ 円となる。

⑥ 91本のえんぴつを7人に配るのと同じように □ 本だと13人に配れます。

⑦ □ ひきで255円の魚は　6ぴきでは90円です。

⑧ 5枚で90円の色紙は　14枚で □ 円です。

⑨ 15ℓが510円のお茶は □ ℓでは782円になる。

⑩ 6コが390円の　ドラやきは □ コでは845円になる。

単位（11）　（8）を倍で求める　　　　　その1

①2個が30円のたこやきが　4個だと個数は □ 倍になる

　ので代金も同じように □ 倍になって □ 円になる。

②3個が50円のたこやきが　6個だと個数は □ 倍になる

　ので代金も同じように □ 倍になって □ 円になる。

③2個が50円のたこやきが　6個だと個数は □ 倍になる

　ので代金も同じように □ 倍になって □ 円になる。

④2mが100円のリボンが　8mだと長さは □ 倍になる

　ので代金も同じように □ 倍になって □ 円になる。

⑤3mが100円のリボンが15mだと長さは □ 倍になる

　ので代金も同じように □ 倍になって □ 円になる。

－42－

単位（11）　（8）を倍で求める　　　その２

①７分で４２０ｍ進む速さで　１４分間歩くと時間が □ 倍になるので１４分で □ ｍ進む。

②７ℓで３００円のミルクは　２１ℓでは量が □ 倍になるので２１ℓでは □ 円になる。

③５枚で６３円の色紙は　２０枚では枚数が □ 倍になるので、２０枚では □ 円です。

④４コで３７５円のガムは　２０コでは個数が □ 倍になるので代金は □ 円となる。

⑤３人のグループに５００ｇのねんどを配るのと同じように９人のグループにねんどを配りたい。人数が □ 倍になるので、ねんどの量も □ 倍になって □ ｇとすればよい。

単位（11）　（8）を倍で求める　　　　　その3

① 5mが320円のリボンは10mでは □ 円になる。

② 7分で200mの速さで28分間で歩くと □ m進む。

③ 6ℓで250円のミルクは　18ℓでは □ 円になる。

④ 8コが300円のたこやきは　40コで □ 円になる。

⑤ 3コで375円のガムは　18コでは □ 円となる。

⑥ 2kgのねんどを7人に配るのと同じように □ kgだと21人に配れます。

⑦ 3びきで □ 円の魚は　6ぴきでは200円です。

⑧ 5枚で130円の色紙は　15枚では □ 円です。

⑨ 15gが174円のお茶は　45gでは □ 円になる。

⑩ 6コが200円の　ドラやきは24コで □ 円になる。

単位（12）　（9）を倍で求める　　　　　　その１

①２分で３００mの速さで　６００m歩くと道のりが □ 倍になるので６００m進むのに □ 分かかる。

②７ℓで２００円のミルクは　６００円では代金が □ 倍になるので６００円分のミルクは □ ℓになる。

③３枚で２５円の色紙は、１００円では代金が □ 倍になるので、１００円分の枚数は □ 枚です。

④５コで１２４円のガムは　６２０円では値段は □ 倍になるのでガムの個数は □ コとなる。

⑤２７人に４３kgのねんどを配るのと同じように１７２kgのねんどを配りたい。ねんどの量は □ 倍になるので　人数も □ 倍になって、 □ 人に配れる。

-45-

単位（12）　（9）を倍で求める　　　その2

①3コで320円のチョコレートでは、代金を□倍の640円にすると、チョコレートの個数は□コとなる。

②6ℓで95円のお茶は855円では代金が□倍になるので855円分のお茶は□ℓになる。

③4枚で35円の色紙は、210円では代金が□倍になるので、210円分の枚数は□枚です。

④17分で31kmの速さで403km進むと道のりが□倍になるので403km進むのに□分かかる。

⑤6人に42枚の画用紙を配るのと同じように294枚の画用紙を配りたい。画用紙の枚数は□倍になるので　人数も□倍になって、□人に配れる。

単位（12）　（9）を倍で求める　　　その3

①3mが100円のリボンは □ mでは400円になる。

②4分で300mの速さで □ 分間歩くと600m進む。

③2ℓで125円のミルクは □ ℓでは500円になる。

④10コが120円のたこやきは □ コで720円になる。

⑤3コで64円のガムは □ コでは448円となる。

⑥13本のえんぴつを6人に配るのと同じように　182本だと □ 人に配れます。

⑦7ひきで37円の魚は □ ひきでは185円です。

⑧8枚で90円の色紙は □ 枚では270円です。

⑨4ℓが162円のお茶は □ ℓでは81円になる。

⑩6コが130円の　ドラやきは □ コでは390円になる。

注・⑨は倍の関係が逆になっています。

単位 (13)　　(11) と (12) の混合　　その1

① 3分で200mの速さで　12分間歩くと時間が □ 倍になるので12分では □ m進む。

② 4人に35枚の画用紙を配るのと同じように735枚の画用紙を配りたい。画用紙の枚数は □ 倍になるので　人数も □ 倍になって、□ 人に配れる。

③ 6枚で75円の色紙は　18枚では枚数が □ 倍になるので、18枚では □ 円です。

④ 19分で14kmの速さで　252km進むと道のりが □ 倍になるので252km進むのに □ 分かかる。

⑤ 8ℓで380円のミルクは　16ℓでは量が □ 倍になるので16ℓでは □ 円になる。

単位（13）　　（11）と（12）の混合　　　その２

①４コで１７０円のチョコレートは、代金を□倍の５１０円にすると、チョコレートの個数は□コとなる。

②７ℓで１１５円のお茶は　４６０円では代金が□倍になるので４６０円分のお茶は□ℓになる。

③６コで２３５円のガムは　２４コでは個数が□倍になるので代金は□円となる。

④５枚で３６円の色紙は、２５２円では代金が□倍になるので、２５２円分の枚数は□枚です。

⑤２人のグループに１２５ｇのねんどを配るのと同じように１０人のグループにねんどを配りたい。人数が□倍になるので、ねんどの量も□倍になって□ｇとすればよい。

単位（13）　　（11）と（12）の混合　　　その３

① ５枚で７２円の色紙は　１５枚では □ 円です。

② ６分で２４０ｍの速さで　３分間歩くと □ ｍ進む。

③ ４ℓで２５０円のミルクは　２８ℓでは □ 円になる。

④ ９コが２００円のたこやきは □ コで６００円になる。

⑤ ３コで１７５円のガムは　１８コでは □ 円となる。

⑥ ２９本のえんぴつを２人に配るのと同じように □ 本だと１２人に配れます。

⑦ □ ぴきで３００円の魚は　６ぴきでは１００円です。

⑧ ６ｍが３００円のリボンは □ ｍでは１５０円になる。

⑨ １５ℓが２７０円のお茶は □ ℓでは１０８０円になる。

⑩ ７コが２９０円の　ドラやきは □ コでは８７０円になる。

思考力算数練習帳シリーズ5　倍と単位当たり　解答　その1

頁	問	答え	式	頁	問	答え	式	頁	問	答え	式
1	①	5	50÷10	5	⑤	20	160÷8	9	⑨	14	322÷23
	②	2	50÷25		⑥	34	204÷6		⑩	6	150÷25
	③	5	100÷20		⑦	35	420÷12	10	①	5	70÷14
	④	4	100÷25		⑧	36	828÷23		②	20	680÷34
	⑤	3	120÷40		⑨	21	399÷19		③	36	468÷13
	⑥	4	120÷30		⑩	60	480÷8		④	15	360÷24
	⑦	2	16÷8	6	①	20	260÷13		⑤	5	360÷72
	⑧	6	48÷8		②	30	120÷4		⑥	12	744÷62
	⑨	4	80÷20		③	24	216÷9		⑦	32	224÷7
	⑩	7	140÷20		④	38	532÷14		⑧	9	189÷21
2	①	7	56÷8		⑤	32	544÷17		⑨	24	120÷5
	②	3	69÷23		⑥	6	192÷32		⑩	4	180÷45
	③	6	144÷24		⑦	8	280÷35	11	①	390	130×3
	④	11	198÷18		⑧	192	576÷3		②	5	35÷7
	⑤	6	102÷17		⑨	13	273÷21		③	24	408÷17
	⑥	9	171÷19		⑩	71	497÷7		④	144	24×6
	⑦	12	84÷7	7	①	16	240÷15		⑤	600	120×5
	⑧	14	84÷6		②	6	222÷37		⑥	6	180÷30
	⑨	7	98÷14		③	108	36×3		⑦	16	400÷25
	⑩	6	258÷43		④	4	168÷42		⑧	810	270×3
3	①	800	400×2		⑤	4	108÷27		⑨	324	36×9
	②	2800	400×7		⑥	870	290×3		⑩	32	480÷15
	③	72	24×3		⑦	280	20×14	12	①	256	32×8
	④	104	26×4		⑧	615	205×3		②	2	30÷15
	⑤	45	15×3		⑨	11	198÷18		③	324	54×6
	⑥	115	23×5		⑩	632	79×8		④	405	45×9
	⑦	104	26×4	8	①	880	220×4		⑤	4	52÷13
	⑧	175	35×5		②	6	174÷29		⑥	68	34×2
	⑨	168	28×6		③	102	34×3		⑦	10	260÷26
	⑩	129	43×3		④	560	80×7		⑧	108	3×36
4	①	500	250×2		⑤	13	208÷16		⑨	3	18÷6
	②	576	36×16		⑥	8	280÷35		⑩	97	776÷8
	③	135	27×5		⑦	276	23×12	13	①	5	60÷12
	④	210	30×7		⑧	125	25×5		②	15	345÷23
	⑤	225	45×5		⑨	6	174÷29		③	17	102÷6
	⑥	260	65×4		⑩	3	135÷45		④	2	42÷21
	⑦	141	47×3	9	①	4	60÷15		⑤	8	112÷14
	⑧	286	22×13		②	28	420÷15		⑥	6	378÷63
	⑨	212	53×4		③	6	156÷26		⑦	80	20×4
	⑩	201	67×3		④	36	216÷6		⑧	4	72÷18
5	①	40	120÷3		⑤	18	612÷34		⑨	245	35×7
	②	60	120÷2		⑥	52	832÷16		⑩	3	243÷81
	③	20	180÷9		⑦	24	696÷29	14	①	6	228÷38
	④	12	180÷15		⑧	34	578÷17		②	5	145÷29

思考力算数練習帳シリーズ5　倍と単位当たり　解答　その2

頁	問	答え	式	頁	問	答え	式	頁	問	答え	式
14	③	456	38×12	18	⑦	70	840÷12	23	①	40	120÷3
	④	23	46÷2		⑧	27	108÷4		②	4	120÷30
	⑤	16	544÷34		⑨	8	24÷3		③	60	240÷4
	⑥	75	600÷8		⑩	8	40÷5		④	2	280÷140
	⑦	87	29×3	19	①	2	130÷65		⑤	16	144÷9
	⑧	6	390÷65		②	4	120÷30		⑥	9	3600÷400
	⑨	13	169÷13		③	3	192÷64		⑦	20	240÷12
	⑩	4	244÷61		④	5	200÷40		⑧	60	420÷7
15	①	7	224÷32		⑤	12	360÷30		⑨	13	715÷55
	②	8	232÷29		⑥	7	4200÷600		⑩	27	216÷8
	③	21	273÷13		⑦	4	68÷17	24	①	6	36÷6
	④	6	84÷14		⑧	4	360÷90		②	21	735÷35
	⑤	27	405÷15		⑨	14	490÷35		③	12	960÷80
	⑥	6	72÷12		⑩	23	138÷6		④	120	840÷7
	⑦	175	35×5	20	①	5	750÷150		⑤	16	736÷46
	⑧	3	72÷24		②	12	528÷44		⑥	75	600÷8
	⑨	294	42×7		③	8	760÷95		⑦	7	476÷68
	⑩	26	442÷17		④	4	280÷70		⑧	13	117÷9
16	①	25	700÷28		⑤	13	325÷25		⑨	4	540÷135
	②	11	671÷61		⑥	3	1650÷550		⑩	16	48÷3
	③	98	14×7		⑦	11	495÷45	25	①	336	28×12
	④	4	252÷63		⑧	4	500÷125		②	32	96÷3
	⑤	25	450÷18		⑨	16	384÷24		③	45	270÷6
	⑥	6	474÷79		⑩	8	96÷12		④	1380	230×6
	⑦	72	12×6	21	①	442	34×13		⑤	364	26×14
	⑧	6	450÷75		②	675	135×5		⑥	540	2700÷5
	⑨	17	289÷17		③	480	15×32		⑦	1440	90×16
	⑩	31	744÷24		④	840	140×6		⑧	45	585÷13
17	①	20	40÷2		⑤	391	17×23		⑨	760	38×20
	②	35	70÷2		⑥	609	87×7		⑩	4	32÷8
	③	80	240÷3		⑦	117	13×9	26	①	120	480÷4
	④	36	180÷5		⑧	520	65×8		②	30	180÷6
	⑤	30	120÷4		⑨	840	70×12		③	108	9×12
	⑥	800	2400÷3		⑩	57	3×19		④	43	258÷6
	⑦	45	90÷2	22	①	560	80×7		⑤	1120	80×14
	⑧	80	480÷6		②	1280	160×8		⑥	1020	60×17
	⑨	80	960÷12		③	540	30×18		⑦	60	540÷9
	⑩	5	35÷7		④	255	85×3		⑧	520	65×8
18	①	50	150÷3		⑤	600	150×4		⑨	56	168÷3
	②	200	800÷4		⑥	1890	90×21		⑩	102	6×17
	③	50	650÷13		⑦	52	4×13	27	①	450	75×6
	④	30	480÷16		⑧	425	85×5		②	12	180÷15
	⑤	16	144÷9		⑨	960	120×8		③	13	78÷6
	⑥	75	450÷6		⑩	84	12×7		④	855	95×9

思考力算数練習帳シリーズ5　倍と単位当たり　解答　その3

頁	問	答え	式	頁	問	答え	式	頁	問	答え	式
27	⑤	9	288÷32	31	⑨	560	40×14	36	②	35	245÷7
	⑥	847	77×11		⑩	5	80÷16			5	175÷35
	⑦	36	12×3	32	①	12	900÷75		③	70	280÷4
	⑧	3	135÷45		②	19	171÷9			18	1260÷70
	⑨	5	250÷50		③	450	150×3		④	80	640÷8
	⑩	28	4×7		④	40	520÷13			13	1040÷80
28	①	375	75×5		⑤	5	245÷49		⑤	65	260÷4
	②	13	390÷30		⑥	65	520÷8			13	845÷65
	③	256	32×8		⑦	96	6×16	37	①	36	288÷8
	④	16	448÷28		⑧	900	90×10			7	252÷36
	⑤	1690	130×13		⑨	9	630÷70		②	14	126÷9
	⑥	3	1200÷400		⑩	108	18×6			41	574÷14
	⑦	625	125×5	33	①	40	80÷2		③	15	105÷7
	⑧	3	324÷108			120	40×3			12	180÷15
	⑨	810	90×9		②	50	150÷3		④	75	300÷4
	⑩	20	120÷6			350	50×7			13	975÷75
29	①	360	30×12		③	60	300÷5		⑤	90	360÷4
	②	14	420÷30			780	60×13			7	630÷90
	③	400	2400÷6		④	70	420÷6	38	①	32	96÷3
	④	468	156×3			280	70×4			13	416÷32
	⑤	16	144÷9		⑤	120	960÷8		②	64	320÷5
	⑥	360	20×18			2040	120×17			8	512÷64
	⑦	16	48÷3	34	①	5	35÷7		③	25	275÷11
	⑧	2	380÷190			25	5×5			32	800÷25
	⑨	900	300×3		②	20	140÷7		④	55	660÷12
	⑩	18	144÷8			80	20×4			9	495÷55
30	①	9	405÷45		③	8	48÷6		⑤	120	480÷4
	②	216	36×6			72	8×9			5	600÷120
	③	24	120÷5		④	60	420÷7	39	①	65	910÷14
	④	3	216÷72			180	60×3			1105	65×17
	⑤	80	20×4		⑤	80	560÷7		②	55	330÷6
	⑥	3	105÷35			1680	80×21			23	1265÷55
	⑦	45	15×3	35	①	62	186÷3		③	135	405÷3
	⑧	60	420÷7			310	62×5			13	1755÷135
	⑨	10	600÷60		②	700	4900÷7		④	36	324÷9
	⑩	23	46÷2			6300	700×9			180	36×5
31	①	405	45×9		③	13	104÷8		⑤	95	285÷3
	②	7	91÷13			39	13×3			7	665÷95
	③	11	44÷4		④	20	340÷17	40	①	15	300÷20
	④	3	291÷97			460	20×23			29	435÷15
	⑤	1300	260×5		⑤	12	216÷18		②	50	800÷16
	⑥	4	2600÷650			132	12×11			650	50×13
	⑦	120	840÷7	36	①	24	96÷4		③	4	20÷5
	⑧	17	136÷8			13	312÷24			12	4×3

思考力算数練習帳シリーズ5　倍と単位当たり　解答　その4

頁	問	答え	式	頁	問	答え	式
	④	25	150÷6	43	③	4	20÷5=4 倍
		18	450÷25			252	63×4=252
	⑤	45	540÷12		④	5	20÷4=5 倍
		855	45×19			1875	375×5=1875
41	①	11	320÷5=64		⑤	3	9÷3=3 倍
			704÷64=11			1500	500×3=1500
	②	300	420÷7=60	44	①	640	10÷5=2 倍
			60×5=30				320×2=640
	③	650	300÷6=50		②	800	28÷7=4 倍
			50×13=650				200×4=800
	④	13	280÷8=35		③	750	18÷6=3 倍
			455÷35=13				250×3=750
	⑤	450	375÷15=25		④	1500	40÷8=5 倍
			25×18=450				300×5=1500
	⑥	169	91÷7=13		⑤	2250	18÷3=6 倍
			13×13=169				375×6=2250
	⑦	17	90÷6=15		⑥	6	21÷7=3 倍
			255÷15=17				2×3=6
	⑧	252	90÷5=18		⑦	100	6÷3=2 倍
			18×14=252				200÷2=100　応用です
	⑨	23	510÷15=34		⑧	390	15÷5=3 倍
			782÷34=23				130×3=390
	⑩	13	390÷6=65		⑨	522	45÷15=3倍
			845÷65=13				174×3=522
42	①	2	4÷2=2 倍		⑩	800	24÷6=4 倍
		2	30×2=60				200×4=800
		60		45	①	2	600÷300=2 倍
	②	2	6÷3=2 倍			4	2×2=4
		2	50×2=100		②	3	600÷200=3 倍
		100				21	7×3=21
	③	3	6÷2=3 倍		③	4	100÷25=4倍
		3	50×3=150			12	3×4=12
		150			④	5	620÷124=5 倍
	④	4	8÷2=4 倍			25	5×5=25
		4	100×4=400		⑤	4	172÷43=4倍
		400				4	27×4=108
	⑤	5	15÷3=5 倍			108	
		5	100×5=500	46	①	2	640÷320=2 倍
		500				6	3×2=6
43	①	2	14÷7=2 倍		②	9	855÷95=9倍
		840	420×2=840			54	6×9=54
	②	3	21÷7=3 倍		③	6	210÷35=6倍
		900	300×3=900			24	4×6=24

思考力算数練習帳シリーズ5　倍と単位当たり　解答　その5

頁	問	答え	式	頁	問	答え	式
46	④	13	403 ÷31=13 倍	49	⑤	5	10÷2=5 倍
		221	17×13=221			5	125 ×5=625
	⑤	7	294 ÷42=7倍			625	
		7	6 ×7=42	50	①	216	15÷5=3 倍
		42					72×3=216
47	①	12	400 ÷100=4 倍		②	120	6 ÷3=2 倍
			3 ×4=12				240 ÷2=120　応用です
	②	8	600 ÷300=2 倍		③	1750	28÷4=7 倍
			4 ×2=8				250 ×7=1750
	③	8	500 ÷125=4 倍		④	27	600 ÷200=3 倍
			2 ×4=8				9 ×3=27
	④	60	720 ÷120=6 倍		⑤	1050	18÷3=6 倍
			10×6=60				175 ×6=1050
	⑤	21	448 ÷64=7倍		⑥	174	12÷2=6 倍
			3 ×7=21				29×6=174
	⑥	84	182 ÷13=14 倍		⑦	18	300 ÷100=3 倍
			6 ×14=84				6 ×3=18
	⑦	35	185 ÷37=5倍		⑧	3	300 ÷150=2 倍
			7 ×5=35				6 ÷2=3　　　応用です
	⑧	24	270 ÷90=3倍		⑨	60	1080÷270=4 倍
			8 ×3=24				15×4=60
	⑨	2	162 ÷81=2倍		⑩	21	870 ÷290=3 倍
			4 ÷2=2　　応用です				7 ×3=21
	⑩	18	390 ÷130=3 倍				
			6 ×3=18				
48	①	4	12÷3=4 倍				
		800	200 ×4=800				
	②	21	735 ÷35=21 倍				
		21	4 ×21=84				
		84					
	③	3	18÷6=3 倍				
		225	75×3=225				
	④	18	252 ÷14=18 倍				
		342	19×18=342				
	⑤	2	16÷8=2 倍				
		760	380 ×2=760				
49	①	3	510 ÷170=3 倍				
		12	4 ×3=12				
	②	4	460 ÷115=4 倍				
		28	7 ×4=28				
	③	4	24÷6=4 倍				
		940	235 ×4=940				
	④	7	252 ÷36=7倍				
		35	5 ×7=35				

M.acceess 学びの理念

☆**学びたいという気持ちが大切です**
勉強を強制されていると感じているのではなく、心から学びたいと思っていることが、子どもを伸ばします。

☆**意味を理解し納得する事が学びです**
たとえば、公式を丸暗記して当てはめて解くのは正しい姿勢ではありません。意味を理解し納得するまで考えることが本当の学習です。

☆**学びには生きた経験が必要です**
家の手伝い、スポーツ、友人関係、近所付き合いや学校生活もしっかりできて、「学び」の姿勢は育ちます。
生きた経験を伴いながら、学びたいという心を持ち、意味を理解、納得する学習をすれば、負担を感じるほどの多くの問題をこなさずとも、子どもたちはそれぞれの目標を達成することができます。

発刊のことば

「生きてゆく」ということは、道のない道を歩いて行くようなものです。「答」のない問題を解くようなものです。今まで人はみんなそれぞれ道のない道を歩き、「答」のない問題を解いてきました。

子どもたちの未来にも、定まった「答」はありません。もちろん「解き方」や「公式」もありません。

私たちの後を継いで世界の明日を支えてゆく彼らにもっとも必要な、そして今、社会でもっとも求められている力は、この「解き方」も「公式」も「答」すらもない問題を解いてゆく力ではないでしょうか。

人間のはるかに及ばない、素晴らしい速さで計算を行うコンピューターでさえ、「解き方」のない問題を解く力はありません。特にこれからの人間に求められているのは、「解き方」も「公式」も「答」もない問題を解いてゆく力であると、私たちは確信しています。

M.accessの教材が、これからの社会を支え、新しい世界を創造してゆく子どもたちの成長に、少しでも役立つことを願ってやみません。

思考力算数練習帳シリーズ
シリーズ5　量　倍と単位あたり（整数範囲）

新装版　第23刷
編集者　M.access（エム・アクセス）
発行所　株式会社 認知工学
〒604-8155　京都市中京区錦小路通烏丸西入ル占出山町308
電話　(075) 256-7723　　email：ninchi@sch.jp
郵便振替　01080-9-19362　株式会社認知工学

ISBN978-4-901705-12-7　C-6341　　A052321L

定価＝ 本体500円 ＋税